현대 ~~~~ 치병 세계!
〈내 몸을 ~~~~〉 시리즈를 통해 명쾌한 해답과 함께,
건강을 지키는 새로운 치료법을 배워보자.

건강을 잃으면 모두를 잃습니다. 그럼에도 시간에 쫓기는 현대인들에게 건강
은 중요하지만 지키기 어려운 것이 되어버렸습니다. 질 나쁜 식사와 불규칙한
생활습관, 나날이 더해가는 환경오염⋯⋯. 게다가 막상 질병에 걸리면 병원을
찾는 것 외에는 도리가 없다고 생각해버리는 분들이 많습니다.

상표등록(제 40-0924657) 되어있는 〈내 몸을 살리는〉 시리즈는 의사와 약사,
다이어트 전문가, 대체의학 전문가 등 각계 건강 전문가들이 다양한 치료법과
식품들을 엄중히 선별해 그 효능 등을 입증하고, 이를 일상에 쉽게 적용할 수
있도록 핵심적 내용들만 선별해 집필하였습니다. 어렵게 읽는 건강 서적이 아
닌, 누구나 편안하게 머리맡에 꽂아두고 읽을 수 있는 건강 백과 서적이 바로
여기에 있습니다.

흔히 건강관리도 노력이라고 합니다. 건강한 것을 가까이 할수록 몸도 마음도
건강해집니다. 〈내 몸을 살리는〉 시리즈는 여러분이 궁금해 하시는 다양한 분
야의 건강 지식은 물론, 어엿한 상표등록브랜드로서 고유의 가치와 철저한 기
본을 통해 여러분들에게 올바른 건강 정보를 전달해드릴 것을 약속합니다.

내 몸을 살리는
노니

정용준 지음

모아북스
MOABOOKS

저자 소개

정용준 e-mail:myungyak@naver.com

현재 자연요법을 기본으로 건강을 증진하는 자연애약국을 운영 중이다. 중앙대학교 약대 졸업 후 중국 전통 학가문당량권, 우슈 ,단전호흡 및 양식태극권, 기공, 한방(상한론, 동의보감, 동의수세보원), 체질한약 (2, 4, 8,16체질), 침뜸, 세포영양학, 자연요법(니시의학, 단식), 요가수련, 웃음치료 등의 수련과 건강 프로그램을 적용 대중들에게 전하고 있다. 또한 전국 판소리대회 2회 참가 수상과 2건의 특허 출원 등록〈수족온욕기〉,〈도자기타일〉과 상품등록〈항암성분고함량추출Rg3, Rh1, Rh2〉등이 있다.

내 몸을 살리는 노니

1판 1쇄 인쇄 | 2013년 09월 03일
1판 21쇄 발행 | 2019년 01월 28일

지은이 | 정용준
발행인 | 이용길

발행처 | MOABOOKS **모아북스**
관리 | 양성인
디자인 | 이룸

출판등록번호 | 제 10-1857호
등록일자 | 1999. 11. 15
등록된 곳 | 경기도 고양시 일산동구 호수로(백석동) 358-25 동문타워 2차 519호
대표 전화 | 0505-627-9784
팩스 | 031-902-5236
홈페이지 | http://www.moabooks.com
이메일 | moabooks@hanmail.net
ISBN | 978-89-97385-35-5   03570

자연은 답을 알고 있다

　오래전 우리의 선조들은 병이 나거나 몸이 허약해졌을 때 그 치료법을 자연에서 찾았습니다. 지금처럼 의학기술이 발달하고 세분화된 치료법이 존재하지 않는 상황에서 자연에서 채취한 식물과 약초의 힘을 이용해 병을 치료하는 자연 식의 치료법이 대표적이라 할 수 있습니다.

　자연치료의 역사는 동서양을 불문하고 오랜 세월 동안 꾸준히 이어져왔으며, 현대에 이르러서도 다양한 방식으로 적용되고 있습니다. 특히 현대의학의 화학적 대증치료와 물리적 수술의 한계가 속속 드러나고 있는 지금의 추세에서 인체 본연의 자연 치유력을 키워 질병을 치료하는 대체의학은 앞으로 더욱 큰 각광을 받게 될 전망입니다.

　대체의학이란 화학 약물 과다 투여, 무리한 물리적 수술 등 서양의학의 발전에 따라 생겨난 부작용과 오류의 한계를 극복하고 치료의 효과를 높이기 위해 새롭게 개발된 치료법으로서 식이요법, 영양요법, 운동요법, 아로마테라피, 침술 등이 포함되며, 특히 약물 치료로 완치를 기대하기 어려운 고혈압, 당뇨, 암, 천식, 알러지와 같은 난치성 생활 습관 병에 큰 효과를 보이고 있습니다.

최근 대체의학이 각광 받게 된 이유는 다른 것이 아닙니다. 잘 알려져 있다시피 우리 몸의 질병은 한두 가지의 원인으로 생겨나는 것이 아닙니다. 일상적인 환경오염, 바쁜 생활로 인한 부적절한 영양 섭취, 스트레스와 불규칙적인 수면, 이 모든 것들이 부정적인 시너지를 일으키며 우리 몸의 면역체계가 무너지는 것입니다. 이런 상황에서 독한 약물이나 수술로 병을 해결하겠다는 것은 어불성설과 같습니다. 그 원인도, 증상도 다양한 만큼 그 치료법 또한 다각적으로 이루어져야 합니다.

하지만 현실은 그렇지 않습니다. 병원에 가면 항생제, 혈압강하제, 인슐린제 등의 무리한 투약이 이루어지고, 암의 경우 극단적인 절제술이 일상적으로 행해집니다. 이는 결과적으로 이미 약해진 면역체계를 완전히 붕괴시켜 약에 의존하지 않고는 살아갈 수 없는 비정상 체계를 만들게 됩니다. 그렇게 무너진 면역 체계를 다시 세우려면 질병 치료보다도 훨씬 고통스러운 노력을 감내해야 합니다.

건강은 건강할 때 지키는 것이 가장 중요합니다. 나아가 설사 질병에 걸렸다 해도 절망하지 않고, 하나하나 벽돌을 쌓는 심정으로 신체 상태를 정상으로 되돌리려는 노력이 있다면 치료하지 못할 병은 결코 없습니다.

이 책은 인체 면역력을 끌어올려 자연적 치료를 돕는 신기원의 물질 노니의 의학적 가치들을 핵심적으로 정리한 책으로서, 질병 없는 건강한 장수를 꿈꾸는 모든 이들을 위해 씌어졌습니다. 건강은 한꺼번에 잃는 것도, 한꺼번에 얻는 것도 아닙니다. 평상시 자기 건강 상태에 관심을 기울이며 좋은 식습관을 유지하는 것만이 건강의 유일한 왕도라고 할 수 있습니다. 자연치료와 노니 건강법에 관심이 많은 분들에게 이 책의 일독을 권합니다. 나아가 특별한 질병이 없더라도 평상시 더욱 활력 있는 삶을 원하는 분들에게도 이 책이 좋은 건강 길잡이가 될 것입니다.

정용준 약사

목차

1장   자연이 선물한 노니의 기적

1) 현대인들은 왜 노니 건강법에 열광하는가?

현대는 이른바 속도의 시대다. 빠르게 변화하는 세상, 나날이 복잡해지는 환경에 발맞추기 위해 제대로 된 휴식조차 누리기 힘든 것이 현실이다. 자신을 돌보기조차 어려워진 이 시대, 우리는 생활·문화적 풍요로움을 얻은 대신 다른 질병의 고통으로 살아간다.

그 중에 가장 큰 대가는 바쁘다는 이유로 근본적인 건강 유지 노력을 게을리 하게 되었다는 점이 아닐까 싶다. 강도 높은 사무직과 서비스의 증가, 서구형 식습관에 대한 지향, 심리적 압박과 스트레스, 다양한 환경오염들, 빠듯한 시간으로 인한 운동부족, 이 모든 것들이 우리의 건강을 갉아먹는 요인이 되고 있음에도 대부분의 현대인들은 이에 무방비 상태라고 해도 과언이 아니다.

이 시대의 가장 큰 건강 이슈가 과거 '질병 치료'와 '단순한 장수'에서 '웰빙'과 '자연친화', '건강한 장수'로 이동한 것도 이 비정상적인 환경에 대한 자성의 목소리가 가져온 결과라고 볼 수 있다.

하지만 최근 유행하는 모든 건강법이 유익하기만 할까? 몇 주 만에 살을 빼준다는 다이어트부터 절식과 단식 같은 식이요법까지 시기마다 주목 받는 건강법들이 모두 실효를 거두었는지는 미지수다. 유행처럼 흘러가는 이 건강법들이 우리의 건강지수를 높였는지 되물어보면 그 대답은 회의적일 수밖에 없을 것이다.

예로부터 건강하게 장수하는 사람들의 특징은 아주 단순하다. 자연친화적인 삶과 자연친화적인 식습관이야말로 이들이 꼽는 비결이다. 특히 "오늘 내가 먹은 음식이 나를 만든다"는 유명한 말처럼 건강한 식습관이 우리의 건강에 미치는 영향은 가히 절대적이라고 볼 수 있다.

최근 건강한 먹거리에 관심이 집중되고 있는 것도 그런 이유에서다. 슈퍼 푸드, 항암 식품 등등이라 불리는 다양한 먹거리들이 우리의 면역체계를 튼튼히 하고 질병을 예방하고 치료한다는 증거가 속속 드러나고 있기 때문이다.

많은 건강 관련 전문가들은 굳이 무리한 다이어트나 식이요법 없이 평소 먹는 음식만 제대로 알고 섭취해도 현대병이라 불리는 고혈압, 당뇨병, 암, 아토피, 알러지, 천식 등의 다양한 난치병을 개선하는 것이 가능하다고 입을 모으고 있다.

최근 폭발적으로 불고 있는 노니 건강법도 이런 흐름의 연장으로 볼 수 있다. 노니란 인도, 인도네시아, 말레이지아, 캄보디아, 태국, 미얀마, 중국남방 등의 아시아권과 폴리네시아, 통가, 타이티, 사모아, 버진 아일랜드 등의 남태평양 제도 등지의 열대지방에서 자라는 일종의 과실이며, 최근 이 노니를 재료로 한 노니 주스 등의 다양한 기능성 제품들이 속속 등장하고 있다.

이런 제품들은 노니의 효능을 고스란히 전달할 뿐 아니라 바쁜 생활 속에서도 섭취가 용이하여 불균형한 영양상태를 개선해주고, 질병과 관련한 의학적 치료목적으로도 널리 사용되고 있다. 그렇다면 노니는 어떻게 바쁜 현대인들의 건강을 지키는데 관심을 사로잡게 되었을까? 다음 장에서 자세히 알아봅시다.

2) 노니는 어떻게 발견되었는가?

타히티 원주민들은 오랫동안 노니를 '고통을 치료해 주는 나무'라고 불러왔다. 실로 수천 년간 노니를 '신이 주신 선물'이라고 찬사해온 노니의 본고장 타히티에서는 노니과즙, 꽃, 뿌리, 나무줄기 등을 말라리아, 천식, 해열, 두통, 변비, 구충, 눈병, 지혈, 외상치료 등에 폭넓게 사용해왔다.

나아가 노니의 세포 재생과 항염 기능 등 다양한 인체 정상화 기능을 인정한 미국의 경우, 오래 전부터 노니를 액체나 분말화 하여 캡슐에 넣어 일종의 의약대체품으로 활용해왔을 정도이다.

미국 식품의약국(FDA) 또한 현재 노니로 만든 노니주스를 인체에 안전한 식품으로 공인함으로써 노니의 활용 가능성을 확대한 바 있다.

게다가 놀랍게도 우리나라의 고전 의학서인 동의보감에도 노니의 효능이 기술되어 있다. 동의보감에서는 노니를 해파극(海巴戟) 또는 파극천(巴戟天)이라고 칭하며, 노니에 기력 증진 및 원기 회복 효능이 있다고 기록되어 있다.

노니가 주목받기 시작한 것은, 오래전부터 이 지역 현지인들이 노니를 귀중한 약재로 여기며 노니를 사용해 질병을 예방하고 치료했다는 기록이 발견되면서부터이다. 이처럼 효능이 알려지자 수많은 의학자들이 앞 다투어 노니의 효능을 과학적으로 입증하기에 이르렀으며, 미국과 일본 등의 선진국에서는 노니의 효능을 인정해 다양한 질병 치료에 이용해왔다.

우리나라도 마찬가지다. 몇 년 전만 해도 노니는 우리나라 사람들에게 낯선 식물이었지만, 최근 그 놀라운 효능이 입증되면서 노니로 만든 주스와 건강기능식품 등이 많은 주목을 받고 있다. 실로 남태평양이나 동남아 국가에 여행을 다녀온 여행객들이 가장 많이 사오는 관광 상품 중에 하

나도 노니인데, 이는 노니가 크게 각광 받자 동남아 일대에서도 노니가 자라는 것을 발견한 상인들이 관광 상품으로 알리기 시작한 덕분이라고 한다.

앞서 말했듯 노니는 과실과 꽃, 뿌리, 줄기 모두가 효능을 가지지만, 최근 대중적으로 이용되는 부분은 과실이다. 노니 과실은 그 자체로 먹어도 괜찮지만, 음료 등으로 만들어 쉽게 음용이 가능해졌다.

그렇다면 노니의 의학적 가치는 세계적으로 얼마나 인정되었는지, 앞으로 노니가 우리의 건강에 얼마나 크게 기여할 수 있을지 역시 살펴봐야 할 것이다.

3) 노니의 의학적 가치는?

현재 노니에 대해 가장 주목할 만한 연구를 진행한 국가는 미국과 영국, 프랑스, 일본과 같은 선진국들이다.

최고의 의대로 알려져 있는 미국의 스탠포드 대학, 캘리포니아 주립대학, 하와이 대학, 영국의 런던 유니언 대학, 프랑스의 미트 대학 등 다양한 대학 연구팀에서 노니에 대한 연구를 진행하여 그 효능을 확신한 바 있으며, 대학 연구진들 뿐만 아니라 일선에서 활발히 활동하는 수많은 의사들이 노니의 임상 결과를 연달아 발표하고 있다는 것은 노니의 의학적 가치가 어마어마한 의학계의 자산임을 말해준다.

이 연구진들이나 의사들의 발표에 의하면, 우선적으로 노니의 가장 놀라운 부분은 다양한 병리에 광범위하게 적용할 수 있는 활용 가능성이다. 대부분의 동식물들 즉 중요한 치료 효과가 있는 물질들의 경우 대표적인 치료 효과는 한두 개에 불과하다. 반면 노니는 암과 고혈압, 염증, 통증, 면역질환, 심장병 등 다양한 병리학적 조건들에 적용하는 것이 가능하다. 이는 곧 노니가 인체 생명 활동과 아주 긴밀한 연관을 가지며 인체 전체에 활력과 함께 건강을 증진시키는 물질임을 보여준다.

이는 미국 대통령들의 의학 보좌관이었던 닐 솔로몬 (Neil Solomon) 박사의 다음과 같은 증언에서도 확인해 볼 수 있다.

"노니는 신체의 보다 발전된 균형을 유지시켜 줍니다. 만약 혈압이나 혈당이 높다면 노니는 이를 낮춰 주고, 혈압이나 혈당이 지나치게 낮다면 이를 적절히 높여 줍니다.

　노니는 수많은 병들에 대항하는 합성물질로 구성되어 있음이 입증되었습니다. 이 열대성 식물은 수많은 병원체들과 대항할 수 있는 믿을 만한 보고입니다. 노니는 암으로 부터 관절염에 이르기까지, 고혈압에서부터 체중조절에 이르기까지 다양한 치료효과가 있기 때문에 더욱 더 많은 연구가 이루어져야 합니다."

　마찬가지로 저명한 의사인 에트 코에닉(Ede Koenig)의 노니에 대한 발언 또한 노니가 일종의 다양한 효능을 포함한 물질임을 말하고 있다.

　"노니를 드신다면 건강을 염려하실 필요가 없습니다. 노니는 자연적 치료와 건강 유지를 위한 새로운 패러다임을 제공합니다. 노니는 건강 유지에 중요할 뿐만 아니라 어떤 종류로든지 건강을 잃은 사람들에게 매우 중요합니다. 나는 내 연구를 통하여 노니의 중요성을 알고 나의 모든 환자들에게 대단히 자랑스럽게 노니를 권해 드립니다. 그것이 나의 건강 프로그램에 경이적인 발전입니다. 만약 만병통치약이 있다면, 그것이 바로 노니입니다."

지금껏 우리는 '만병통치약' 을 허황된 꿈이라고 생각해 왔다. 그런 면에서 노니의 발견은 가히 획기적인 것이 아닐 수 없다. 많은 의학자들이 노니를 우리가 꿈에 불과하다고 여겼던 다양한 건강 증진 효과, 질병 치료 효과를 가진 신기원으로 여기는 것도, 노니가 가진 무궁무진한 가능성 때문인 것이다.

그렇다면 대체 노니의 어떤 부분이 의학자들을 이토록 매료시켰는지 살펴보도록 하자.

4) 노니의 주성분인 제로닌의 생명력

노니가 의학적 관심의 대상이 되고 있는 첫 번째 이유는 노니가 가진 놀라운 영양학적 가치에 있다.

노니는 화산 지역에 주로 서식하는 만큼 풍부한 미네랄, 비타민, 단백질 등 6대 영양소 외에 165종의 각종 영양소가 포함되어 있을 뿐 아니라, 특히 노니의 주성분인 제로닌 (Xeronine) 성분은 세포 생성과 항염에 큰 도움을 준다고 알려져 있다.

실로 노니가 포함한 다양한 성분들은 오랫동안 연구의 대상이 되어왔고, 그중에서도 노니에 포함된 대표적인 성분인 제로닌은 세포를 활성화시키는 데 탁월한 효능을 보이는 성분으로 증명된 바 있다.

제로닌을 제일 먼저 발견한 사람은 미국 하와이에 거주하는 생화학 박사인 랄프 하이니케(Ralph Heinicke)이다. 그는 하와이 대학에 교수로 일하던 시절 파인애플 속에 인체 건강에 큰 도움이 되는 브로멜라, 인이라는 성분을 연구하던 과정에서 노니 열매에서 브로멜라인보다 훨씬 더 강력한 물질을 발견하게 되는데, 이것이 바로 제로닌이다. 이를 계속 연구하던 박사는 차후 이 물질이 세포에 작용해 획기적인 세포 활성화 작용을 한다는 것을 발견하고 여기에 '제로닌'이라는 명칭을 부여했다.

제로닌은 쉽게 말해 병든 세포를 되살려주는 물질로, 인체 세포에 작용한다. 인체 세포는 세포막과 단백질, 핵으로 구성되어 있으며, 이 세포들 속의 단백질 안에는 소위 제로닌 수용체(recepter)가 존재해 항상 제로닌을 받아들일 준비를 하고 있다. 이때 제로닌은 세포의 입을 열어주어 모든 영양분의 흡수율을 높여, 세포를 건강하게 하며 세포의 기능을 정상적으로 돌려 기력을 충전시켜주는 역할을 한다.

하지만 노화와 스트레스 등이 발생하면 제로닌이 쉽게 소모되고, 세포는 제로닌을 충분히 받아들이지 못해 병들게 된다. 이때 외부에서 제로닌을 섭취해주면 부족한 제로닌을 충전한 세포가 다시 활발하게 살아나는 것을 볼 수 있다. 즉 스트레스와 잘못된 생활습관으로 소모된 제로닌을 충분히 보충해주는 것만으로도 세포 건강을 장담할 수 있으며, 모든 질병은 결국 세포로 인한 병과 관련이 있다는 점에서 이것이 질병 치료와 관련이 있음은 두말 할 필요가 없을 것이다.

한 예로 제로닌이 풍부한 노니의 경우 당뇨와 신장병, 암, 관절염 등의 염증에 광범위하게 작용하는데, 이 역시 각각의 병든 세포를 부활시킴으로써 질병 개선 효과를 보이는 것으로 볼 수 있다.

실로 노니의 제로닌을 규명한 하이니케 박사는 모든 식물, 동물, 미생물의 건강한 세포 안에서는 제로닌이 활발히 활동하고 있으며, 이 제로닌이 모든 동식물과 미생물에는 생명을 유지할 수 없다고 단언한 바 있다.

특히 그는 지금까지 알려진 지구상의 모든 식물들 중 노니에 제로닌 성분이 가장 많이 함유되어 있다는 연구 결과를 발표했는데, 노니에 포함된 제로닌은 연구 이전 제로닌을 많이 함유하고 있다는 파인애플의 약 40배에 달한다고 한다.

노니의 세포 건강

노니의 가장 큰 힘은 바로 면역기관의 활성화이다. 인체의 면역 기능은 우리 몸을 질병으로부터 보호하고, 이미 걸린 질병을 퇴치하여 몸을 정상화시키는 일종의 지렛대라고 할 수 있다. 면역 기능이 균형 잡혀 있으면 우리 인체는 질병이 쉽게 침투하지 못할뿐더러, 설사 질병에 걸렸다 하더라도 치료 속도가 빨라진다.

그렇다면 면역 기능이 수행하는 가장 기본적인 기능은 무엇일까? 바로 세포의 재생이다. 인체의 60조 개 세포는 매일같이 재생과 탈각을 진행한다. 탈각이란 낡고 병든 세포를 분리하여 떨어뜨려 배설시키는 작용이다. 반면 재생이란 병든 세포를 건강한 세포로 바꾸는 일인데 노니는 손상된 세포를 재생시켜 정상적인 세포로 회복시키는 세포 재생 능력이

특히 뛰어나다. 결과적으로 모든 질병은 세포 손상에서 오는 것인 만큼, 노니가 어째서 수많은 질병 치료에 도움이 되는지를 말해주는 부분이다.

2장　내 몸을 살리는 노니!

1) 천연강장제 아답토젠(Adaptogen)의 연구

노니의 제로닌이 다양한 건강상의 혜택을 제공한다는 연구 결과에 이어, 노니 열풍에 힘을 더한 또 하나의 연구 결과가 있다. 바로 노니의 아답토젠 효과의 발견이다.

아답토젠이란 식물에 포함된 천연 강장 물질을 뜻하며, 대표적인 약용식물인 인삼과 홍삼, 아로마 등 민간요법인 아유르베다에서 사용되는 허브 역시 아답토젠 효과를 가지는 식물로 분류되어 있다.

이 아답토젠이 중요한 인체에 건강 효능으로 떠오른 이유는 아답토젠이 가진 강력한 정상화 작용 때문이다. 정상화 작용이란 인체 균형을 정상으로 유지하려는 항상성 또는 면역력을 견고히 만들어주는 기능을 말한다.

쉽게 비유하자면, 균형 잡힌 저울추처럼 혈압이 높은 사람은 낮게 하고 낮은 사람은 높이게 하고 병적 상태에 있는 사람은 인체를 정상화시키는 것이다.

나아가 아답토젠은 이처럼 인체 내부의 균형추를 잡아주는 동시에, 외부 오염, 잘못된 식습관, 정신적 스트레스 등 다양한 스트레스 환경으로부터 신체 방어력까지 높여주는 양방향의 방어 기능을 보인다.

이 아답토젠의 효과를 처음 입증한 사람은 1940년 러시아 과학자인 니코라리 라카에브 박사이다. 그는 신경 보호 작용에 대한 의학연구를 진행하던 와중 아답토젠 성분이 신체 스트레스 환경에 대한 적응력을 높인다는 사실을 발견했다.

이와 관련해 진행된 임상 실험에서는 아답토젠 기능이 활발한 노니 제품을 꾸준히 섭취한 흡연자 그룹군의 콜레스테롤(좋은 콜레스테롤)이 정상화되는 결과가 나타났다.

다만 많은 식물 추출물들이나 약용식물이 인체 질병 치료 등에 이용되고 있지만 모두가 아답토젠으로 분류되는 것은 아니다. 이 아답토젠에는 고유의 3가지 기능이 존재한다는 점도 주목할 필요가 있다.

이와 관련해 1969년, 이스라엘 브레이크만과 이고르 다

디모브 박사가 아답토젠 성분에 대해 다양한 가설과 실험 끝에 내린 아답토젠의 중요한 3가지 정의는 아답토젠의 뛰어난 면을 다시 한 번 증명하고 있다.

● 섭취시 안전성

: 아답토젠 성분은 첫째, 인체 음용에 안전한 성분이다. 시중에 나온 일반 강장제들의 경우 합성 물질로 만들어지는 반면, 아답토젠은 오로지 천연 식물의 무독성 물질로서 부작용을 일으키지 않는다.

● 신체의 광범위한 적용 가능성

: 어떤 부정적인 생물학적, 신체적, 화학적 스트레스 물질들에 대해 신체의 특정한 부위에 국한되지 않고 적용할 수 있다. 이것은 아답토젠 성분이 신체에 일반적으로 작용하여 다양한 방법으로 신체를 보호하고 건강을 유지할 수 있으며 신체의 부위에 광범위하게 적용되고 있다.

● 신체 정상화 활동

: 아답토젠 성분들은 신체 정상화 효과를 갖는다. 다양한 개선 결과의 정상 건강 유지라는 결과로 나타나며, 또한 신체 시스템을 극대화시키는 데 도움을 주고 있다.

나아가 두 박사는 다양한 물질들 중 아답토젠 성분이 가장 풍부하게 포함된 노니에 주목하고 다양한 연구, 테스트, 공식적 결과를 통해 그 안정성을 입증해왔다.

특히 노니 열매에 가장 많이 들어 있는 이리도이드 성분은 가장 강력한 아답토젠 효과를 가진 물질로 분류되고 있는데, 이 이리도이드야말로 노니는 인체 치유 비밀을 갖고 있다고 볼 수 있다. 그렇다면 이리도이드는 과연 어떤 물질인지도 함께 살펴보도록 하자.

2) 이리도이드(Iridoids)의 기능에 주목하자

이리도이드라는 용어는 일반적으로 육식개미류를 일컫는 '이리도미르멕스(Iridomyrmex)'에서 따온 것으로, 이 육식개미들이 식물에 접촉해 공격을 시도하면서 발견된 물질이다. 개미들에게 상처를 입은 식물들이 이에 대항하기 위해 일정 물질을 분비했는데 이것이 바로 이리도이드였던 것이다.

아마 여러분도 식물들에 상처를 내면 그 상체에서 일종의 액체 물질이 분비되는 것을 보았을 것이다. 이 물질은 다친 부위를 회복시키고, 외부의 공격을 중단시키기 위해 뿜는 일종의 식물화학물질로, 잠재적 위험 요인들을 제거하는 데 활용되는 강력한 약물 효과를 가진다. 이런 물질이 대개 쓴 맛을 가지는 것도 외부 동물이나 곤충의 공격을 제지하기 위한 것이다.

플라보노이드, 리그닌, 쿠마린, 사포닌, 안트라퀴논 등과 마찬가지로 노니의 이리도이드도 이 식물화학물질에 해당되는데, 놀라운 점은 이 물질들이 인체에 투입할 때 비슷한 방어와 치유 효과를 가진다는 점이다.

한 예로 1960년 로스카 리반드 박사는 노니 열매에서도 이리도이드 성분을 최초로 발견해 분리하는 데 성공했고, 다양한 연구를 통해 노니에 풍부하게 포함된 이리도이드가 인체에 침투할 경우 풍부한 아답토젠 효과를 발휘하며 인체 정상화에 기여한다는 점을 밝혀낸 바 있다.

또한 지금까지 이리도이드의 신체 활성화 효능에 대해 발표된 논문이 무려 1000여 편을 넘어서고 있다. 그렇다면 이 논문들에서는 이리도이드의 어떤 기능에 주목했는지 알아보자.

3) 이리도이드의 효과

노니의 이리도이드 연구들에서 과학적으로 입증된 효과는 다음과 같았다.

● 유해 활성산소의 제거

: 활성산소는 인체에 질병을 발생시키는 원인의 90%라고

지목될 만큼 우리의 건강을 위협하는 물질로서 생체 조직을 공격하고 세포를 손상시키는 산화력이 강한 산소를 뜻한다.

이 활성산소는 환경오염과 화학물질, 자외선, 혈액순환 장애, 스트레스 등으로 산소가 과잉 생산되어 발생하는 것으로 체내 산화작용을 일으켜 세포막, DNA 등의 세포 구조를 망가뜨리고 핵산 염기의 변형과 유리, 결합의 절단, 당의 산화분해 등을 일으켜 돌연변이나 암의 원인, 각종 질병과 노화의 원인이 된다.

이때 이리도이드는 탁월한 활성산소를 제거하고 세포를 재생시킴으로써 비정상 세포의 생성을 막고 과도한 활성산소가 가져오는 인체 산성화를 방지해 급속한 노화를 막아 준다.

● 콜레스테롤 조절

: 콜레스테롤은 인체의 생명활동에 꼭 필요한 지질이지만, 과잉 섭취 시 혈관을 막고 인체 산화와 비만 등을 일으키는 물질이다.

콜레스테롤 과잉은 식습관과 운동습관 등 생활습관을 올

바로 유지하면 방지할 수 있지만, 인체 대사활동이 원활하지 않을 경우 제대로 연소되지 않아 몸에 쌓이게 된다. 이리도이드 성분은 인체 균형을 유지해주는 정상화 기능을 통해 인체 대사활동을 활발히 만들어 불필요한 콜레스테롤의 연소와 배출을 돕는다.

● 활력 증진

: 스테미너는 짧은 시간의 노력으로 갑자기 증진하는 것이 아니라, 꾸준한 건강관리로 얻어지는 결과이다. 스테미너는 환경오염, 식습관, 정신적 압박감 등 다양한 외적 스트레스로 인해 취약해지는데, 이때 이리도이드는 외부의 스트레스에 대항하는 인체 면역 기능을 강화해 외부 공격에 취약한 인체를 보호해 스테미너를 높여준다.

● 심장 건강 향상

: 심장 건강은 혈관의 건강과 직결되어 있다. 혈관을 망가뜨리는 것은 고지방 식사로 인한 콜레스테롤의 증가로 인

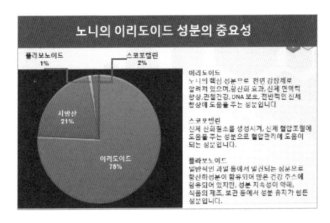

한 혈관 벽의 플라그 생성, 흡연과 운동 부족으로 인한 체내 활성산소의 증가 등이 있다. 이리도이드는 콜레스테롤을 낮춰주고 활성산소를 제거해 심장과 심장혈관의 건강을 돕는다.

● 면역 체계 향상

: 이리도이드의 효과는 면역력의 증진에 있다. 면역력이란 인체의 균형을 맞추는 저울과 같이 몸의 평형을 유지해

질병이 침투할 수 없도록 막는 방어 능력을 뜻한다.

이리도이드는 만일 혈압이 높다면 혈압을 낮추고, 혈당이 높으면 혈당을 낮추는 등 광범위하게 인체의 깨진 균형이 부작용 없이 회복하도록 도움으로써 다양한 질병 발생을 방지한다.

● 항염 효과

: 이리도이드와 같은 식물화학물질은 외부적 위협에 대비하는 강력한 물질로서 기본적으로 항염 기능을 갖추고 있다. 외부에서 침입하는 바이러스나 질병 등을 막아내고 손상 부위를 재빨리 재생시킴으로써 관절이나 장기의 염증 등에 신속하게 대처한다.

● 세포 돌연변이 방지

: 이리도이드의 세포 재생 능력은 가장 잘 알려진 기능 중에 하나일 것이다. 기본적으로 인체 질병의 상당수가 세포

의 변형이나 돌연변이로 발생한다. 대표적인 질병이 바로 암이다. 암은 인체 면역 기능의 저하로 임계점을 넘어선 비정상 세포가 돌연변이를 일으켜 발생하는 질병으로서, 세포 정상화 기능이 있는 이리도이드의 섭취로 큰 개선 효과를 볼 수 있음이 임상적으로도 증명되었다.

● 두뇌 활동 증진

: 인간의 두뇌는 셀 수 없이 많은 뇌세포로 이루어져 있다. 뇌 세포는 청장년기에 가장 활발하게 움직이다가 인체의 노화에 따라 서서히 그 수가 감소하게 된다. 뇌세포의 파괴는 지적인 활동 등 인체 활동에 상당한 영향을 미치는데, 비단 노화 외에 지나친 활성산소의 증가와 스트레스, 음주와 흡연 등으로 파괴가 진행된다. 이리도이드는 활성산소의 억제와 세포 재생에 탁월한 효과를 가짐으로써 집중력과 학습능력의 강화에도 도움을 준다.

4) 이리도이드의 노니

앞에서 살펴보았듯 이리도이드는 우리 몸에 강력한 질병 방지와 치료 효과를 부여하고, 대사의 활성화를 도와 활력 있는 삶을 유지해준다. 하지만 이 이리도이드를 일상적으로 섭취하는 것은 쉬운 일만은 아니다.

노니가 다양한 식물들 중에서도 큰 주목을 받는 이유도, 노니에 포함된 이리도이드 성분의 탁월함이다.

이리도이드가 발견되는 식물들로는 블루베리나 올리브잎, 크랜베리, 산수유 등이 있는데, 블루베리에서 1종의 이리도이드, 올리브잎에서 5종의 이리도이드, 크랜

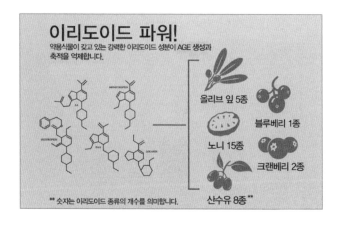

베리에서 2종, 산수유에서 8종의 이리도이드가 발견된 반면, 노니에서는 총 15종의 이리도이드가 발견된 바 있다.

또한 이리도이드의 양적인 면에서 노니는 그 월등함을 자랑한다.

앞서 말했듯이 이리도이드는 허브와 인삼 등의 다른 식물에도 포함되어 있지만, 이 모두가 노니의 이리도이드 양에는 못 미치며, 식물 중에는 노니에 가장 많은 이리도이드가 포함되어 있다.

블루베리 등 일반적인 과일보다 월등히 높은 이리도이드 성분의 양

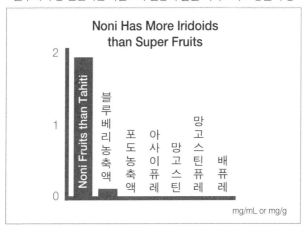

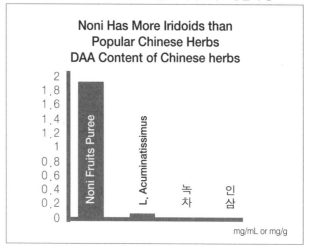

또 한 가지, 노니 이리도이드의 월등함은 바로 안정성에 있다. 많은 이들이 슈퍼 푸드에 많이 포함된 폴리페놀, 플라보노이드, 카로테노이드 등을 이리도이드와 비교하지만, 사실상 이들은 안정성 면에서 이리도이드와는 비교가 불가능하다.

플라보노이드와 카로테노이드 등은 과일 자체를 신선한 상태로 먹을 때만이 제대로 된 영양 섭취를 기대할 수 있다. 따라서 일반적으로 시장에 나와 있는 슈퍼 주스라는 상품들은 이름만 슈퍼일 뿐, 사실상 효과를 기대하기 어렵다. 반면 이리도이드는 비교적 흔히 발견되는 폴리페놀과 플라보노이드, 카로테노이드 등과는 달리 제한적인 식물에만 존재하는 희귀한 물질로서 다양한 가공과 유통에도 플라보노이드나 카로테노이드처럼 영양 감소를 보이지 않는다. 또한 가공, 저장, 온도 변화, 알칼리, 열 산성 등의 외부 변화에도 안정적인 성분이 유지되고 물에 잘 용해되어 약학적 활동을 가진 음료로 널리 활용되고 있다.

좋은 구슬이 서 말이라도 꿰어야 보배인 것처럼, 만일 노니의 이리노이드에 이 같은 안전성이 없었더라면 원산지가 아닌 먼 곳의 우리에게 노니가 이처럼 큰 가치를 전하기는 어려울 것이다.

3장 질병과 증상에 따른 효과적인 노니 건강법

1) 노니를 통한 면역 개선

인간이라면 누구나 질병에 대해 불가피한 공포를 가진다. 몸에 이상이 나타나면 병원에 가서 주사를 맞거나 약을 타 먹고, 증상이 심할 경우 수술도 불사한다. 하지만 그 와중에 한 가지 중요한 사실을 잊고 만다. 인류가 처음 태어난 이래 온갖 질병들과 싸우면서 갖춰온 강력한 방어 체계, 체내 면역력의 존재이다.

인체 면역력은 우리 몸의 질병 방지 시스템이자, 그 어떤 백신보다도 강력한 질병 방어 도구다. 만일 백혈구, 림프구 등으로 단단히 무장한 면역력이 없다면, 우리는 감기 같은 아주 작은 질병에도 목숨을 잃을 수 있다. 실제로 미국의 영양면역학자 자우페이 첸 박사에 의하면, 우리 인간의 질병 원인 중 99% 이상은 면역 체계 기능의 저하에서 기인한

다고 한다. 면역체계가 정상적으로 작용될 때 는 거의 모든 질병으로부터 안전할 수 있는 반면, 면역체계가 힘을 잃고 붕괴되면 크고 작은 질병에 쉽게 걸리는 것이다.

하지만 우리가 살아가는 현대생활은 어떤가. 환경오염과 식습관의 변화, 잘못된 생활습관 등이 우리 몸의 타고난 면역력을 제대로 발휘할 수 없는 요인으로 작용하고 있다. 나아가 이 면역력 파괴가 암과 당뇨 같은 현대병, 나아가 사소한 다른 질병들에까지 영향을 미치는 것이 지금의 현실이다.

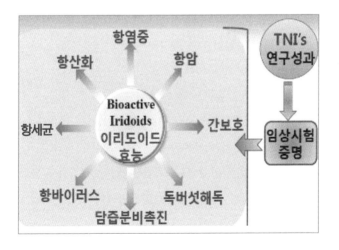

이런 상황에서 우리는 질병을 막는 가장 좋은 방법은 백신이나 약이 아닌 이 방어체계를 튼튼히 구축하는 일임을 다시 한 번 깨달아야 한다. 그러기 위해서는 면역력의 3박자라고 불리는 식습관, 운동습관, 생활습관 등을 전반적으로 정돈할 필요가 있으며, 그중에서도 가장 기본이 되는 식습관 문제에 대해서는 특히 심각하게 고려해봐야 한다.

현재의 식생활은 칼로리만 높고 영양분은 적다. 가공식품 등이 활개를 칠 뿐만 아니라 농약의 무분별한 사용으로 채소들도 외형만 클 뿐 속은 비어 있다. 이런 상황에서 우리 몸의 칼로리는 과잉임에도 만성적인 영양 불균형 상태에 빠져 있고, 이런 만성 영양 불균형 상태는 필연적으로 면역력 약화를 가져온다. 따라서 면역 체계를 강화하려면 첨가물이 없고 건강하게 재배한 식재료들로 만든 영양 식단을 중심으로 식습관을 유지해야 한다.

다만 바쁜 생활에서 이런 식습관을 유지하기 어려운 것이 현실이라면, 몸의 부족한 면역력을 채워주는 건강기능식품이 큰 도움이 될 수 있다는 것이 많은 전문가들의 조언이다. 최근 노니가 현대인들의 건강 열풍에 중요한 키워드로 떠오른 것도 이런 이유 때문이다.

앞서 살펴본 노니의 효능들은 독한 약처럼 단번에 질병을 치료하는 것이 아닌, 인체의 약해진 면역력을 최고로 끌어올려 근본적인 질병 치유를 도모한다. 몸의 균형을 바로잡는 노니의 정상화 기능은 결국 면역력 강화를 의미하고, 이처럼 면역력이 강화된다면 우리 몸을 침범한 질병들에도 효과적으로 대처하는 일이 가능해지는 것이다.

면역력과 산화질소

세포 중에서도 거대 식세포는 인체 면역력에 직접적으로 관여하는 세포이다. 거대 식세포가 활발히 활동할수록 대사 활동이 더 활발해지기 때문이다. 나아가 이 거대 식세포가 활발하게 움직이기 위해서는 산화질소가 필요한데, 노니를 음용하면 산화질소의 생합성 능력을 증가시켜 거대 식세포의 활동이 3배 이상 증가하게 된다. 또한 이처럼 생합성이 증가한 산화질소는 암세포를 공격하고 바이러스를 파괴하는 강력한 항생작용을 발휘한다. 이는 산화질소가 병원균의 세포 호흡작용에 반드시 필요한 철(fe) 함유 분자를 공격함으로써 병원균의 대사체계를 무력화시키기 때문이다.

2) 노니로 개선되는 질병들

노니가 치유와 개선에 관여하는 질병은 매우 광범위 하고 다양하다. 이처럼 노니가 다양한 질병 치유에 영향을 미치는 것은 노니의 효능이 결과적으로 면역력의 활성화와 맞닿아 있기 때문이다. 다음은 노니의 섭취를 통해 도움을 주는 질병들을 정리한 것이다. 노니와 함께 하는 활력 있는 삶을 준비하기 전에 다음을 꼼꼼하게 살펴 실질적인 도움을 찾도록 하자.

● 고혈압

: 1993년 하와이 대학 연구팀이 최초로 노니로부터 고혈압 치료 물질인 스코폴레틴(Scopoletin)을 추출하는 데 성공했다. 임상실험 결과 이 스코폴레틴은 혈관의 확장을 돕고 혈관 축소 물질인 세로토닌과 결합해 정상 혈압을 되찾아주는 것으로 밝혀졌다.

이외에 스탠포트 대학과 하와이 대학 등 유수의 대학들에서 다양한 연구를 진행한 결과, 노니의 스코폴레틴 성분이 고혈압에 탁월한 효과가 있다는 데 의견을 모았다.

● 암

1992년 캘리포니아주에서 개최된 미국 암 연구협회의 83차 연례회의에서, 노니에 인체 내부의 비정상적 상태의 암세포가 발생하면 이에 대항하여 암세포의 번식을 억제하는 성분이 들어 있다는 내용이 발표되었다.

일본 게이오 대학 및 일본 생화학 연구소의 연구팀에 의한 발표에서도, 노니에서 새롭게 추출된 담나칸달이라 불리는 성분이 암세포의 번식을 억제하여 정상적이고 건강한 기능을 가진 세포로 회복시켜 주는 기능을 한다는 사실이 공인되었다.

해리슨 박사 역시 자신의 간암 환자의 복수를 제거하는 과정에서 암세포를 발견한 뒤 노니를 음용시킨 결과 복수가 현저히 줄고, 그 후 계속 노니를 음용 후 다시 검사하자 암세포가 완전히 없어진 것을 확인한 바 있다.

● 대사활동과 체력 증진

노니의 제로닌 성분은 알칼로이드와 합성하면 프로제로닌이 된다. 이 프로제로닌은 인체 면역 기능을 높여 질병 감염을 막을 뿐 아니라 엔돌핀 흡착 부위에 작용해 피로를 제거하고 기분의 상승 작용을 이끈다.

또한 노니는 세로토닌을 생성해 호르몬과 멜라토닌을 만들어내는 중요한 뇌 부위인 송과선 활동을 증대시켜 질 좋은 수면과 체온 유지, 배란주기 조절 등 다양한 대사활동을 증진시켜준다는 사실이 확인되었다.

● 당뇨 개선

노니는 병든 세포를 재생하고 내분비계를 활성화시켜 저하된 면역 기능을 강화한다. 즉 제대로 기능하지 못하는 세포를 정상적으로 돌려놓는 것이다. 이는 당뇨병과 관련있는 췌장의 베타 세포도 마찬가지이다. 베타 세포는 혈액으로부터 포도당을 세포 내로 끌어들여 혈당을 조절하는 역할을 하며, 따라서 베타 세포가 파괴되면 혈당치가 올라가게 되는데, 이때 노니는 베타 세포의 재생을 도와 혈당치의 조절을 돕게 된다.

뿐만 아니라 노니의 스코폴레틴 등의 이로운 성분이 당뇨에 따라올 수 있는 순환 장애, 심장질환을 방지하고 에너지 순환과정에 도움을 준다.

● 염증과 히스타민 치료

70명의 환자가 노니를 음용한 결과, 만성척추신경통으로 고통 받던 15명의 통증이 현저하게 감소되고, 무릎 관절염으로 고생하던 8명은 거의 통증이 사라졌다. 또한 천식 환자 3명 역시 기침이 많이 줄고, 3명의 관절염 환자도 노니 음용 후 24시간 안에 통증이 놀랄 만큼 완화되었다.

1990년 무릎 교체 수술을 받은 한 여성도 심각한 고통으로 괴로워 하다가 노니를 3일 동안 음용한 뒤 소파에서 거뜬히 일어나 지팡이 없이 움직이기 시작했다. 수의사인 개리 트란 박사도 관절염을 앓고 있는 몇 백 마리의 개와 고양이에게 노니 임상실험을 진행한 결과 90% 이상에서 탁월한 효과가 있음을 확인한 바 있다.

● 소화기관 장애와 심장병

1950년대에 발행한 「패시픽 사이언스 저널」에는 "노니에 소화기관과 심장의 세균 감염을 방지해주는 안티박테리아가 들어 있다"는 기사가 보고되었다. 안드라퀴논이라 불리는 이 물질은 아주 쓴 맛을 내며, 위액 분비와 소화효소를 증가시켜주는 동시에 통증 완화와 암 치료 대체약품으로도 탁월한 효과를 보인다. 연구 자료에 의하면 노니를 음용한 2만 여 명 중 89%가 위장병 치료를 경험했고, 80%가 심장병 치료 효과를 보았다.

● 간 기능 활성화

노니에는 각종 비타민과 미네랄, 효소, 아미노산 등의 인체 대사에 관여하는 영양소가 풍부하여 간을 깨끗이 해주며, 면역력을 높여주는 알기닌 성분이 간장에 축적된 유해물질과 지방질을 제거해 간의 신진대사를 촉진하는 것으로 나타났다. 특히 급성 간염, 만성 간염, 알코올성 간염, 지방간, 간경변에도 좋은 효과를 보였다.

3) 섭취 후 나타나는 호전반응

노니의 장점 중에 하나는 심지어 임산부나 수유부도 음용이 가능할 정도로 사실상 거의 부작용이나 거부 반응을 동반하지 않는다는 점이다. 다만 노니를 음용할 경우 질병이나 몸 상태에 따라 크고 작은 호전반응이 나타나는 경우가 있다.

호전반응이란 병이 낫기 위해 우리 몸이 격렬한 싸움을 벌임으로써 찾아오는 일종의 통증과 불편감을 말한다. 한 예로 몸에 상처가 생겼을 때를 생각해보자. 그 부위가 아물기 시작하면 심한 가려움이 찾아든다. 이는 다친 조직 세포들이 활발하게 움직여서 새로운 세포를 만들어내면서 발생하는 것이다. 나아가 침과 뜸을 맞고, 지압 등을 받고 나면 처음 며칠 동안은 계속해서 몸살처럼 몸에 통증이 느껴지거나 고열이 찾아오기도 한다. 하지만 이 모두는 결과적으로 병이 낫기 위한 과정인 만큼 단순한 통증과는 구분되는 것이라고 볼 수 있다.

이처럼 치유에 대한 반응으로 나타나는 증세가 바로 호전반응이며, 중국의 사서삼경중의 하나인 서경에서는 "약을 복용하고 호전반응이 발생하지 않으면 질병이 낫지 않는다"고 말한 바 있듯이 오래 앓아온 병이 나으려면 일정한 호전반응을 겪어야 한다.

노니의 음용 때도 마찬가지이다. 일부는 생각지도 못한 호전반응을 경험하고 당황하거나 놀라는 경우가 있다. 평소 가졌던 증상이 심해지기도 하고 없던 변화가 발생하니 놀랄 수밖에 없는 것이다.

이는 노니의 성분이 평소 가지고 있는 질병이나 깨어진 신체 균형에 작용하면서 해독을 하는 과정으로 보아야 한다. 녹슨 수도관을 뚫으려면 그 관을 막은 녹 덩어리를 떼어내는 것처럼, 기능식품의 성분들이 몸속의 독소와 질병을 몸 밖으로 몰아내는 과정인 것이다. 때문에 평소 특정 질병을 가지고 있었던 사람은 그 증상이 더 심해지기도 하며, 심지어 어디가 아픈지도 몰랐던 사람이 평소 앓지 않았던 증상을 경험하게 된다.

일반적으로 병의 증세가 가벼운 사람의 경우는 호전반응이 빨리 시작되고 빨리 끝나지만, 증세가 심각한 경우 뒤늦게 나타나 오래 지속된다. 따라서 호전반응은 중증인 사람에게 더 고통스러울 수 있으며, 처음에는 가볍게 나타나다가 점점 심해진 다음 차츰 사라지게 된다. 또한 사람에 따라, 병의 경중에 따라, 평소 몸 안의 독소량이 얼마나 되는가에 따라 제각각 발현 양상이 다르지만, 호전반응을 겪고 나면 반드시 몸이 가벼워지고 정신이 맑아지는 현상을 느낄 수 있다.

4) 다양한 노니 제품의 탄생

노니는 줄기와 과실, 뿌리 모두가 일정한 약효를 가지는 식물이다. 만일 현지에 있다면 생약으로서의 노니를 얼마든지 이용할 수 있겠지만, 원산지와 먼 곳에서 이용하려면 반드시 노니의 효능을 최대한 그대로 전달하기 위한 안정적이고 과학적인 공법이 필요하다.

앞서 설명했듯이 노니의 성분이 열과 가공에 의해서도 쉽게 파괴되지 않는다는 것은 언제 어디서나 노니의 효과를 즐길 수 있는 가능성을 열어놓았다. 나아가 노니를 전문적으로 취급하는 회사의 경우, 여기에 더해 노니의 효능을 보다 확실하게 전달할 수 있는 다양한 방식을 차용함으로써 전 세계인들이 노니를 일상적으로 섭취할 수 있도록 도움을 주고 있다.

● 노니 주스

가장 대중적인 노니 섭취의 형태는 주스로서의 음용이다. 믿을 만한 회사들의 노니 주스는 안전한 용기와 저온살균 등, 엄격한 품질 검사 등 과학적인 공법과 유통으로 노니의 효능을 안정적으로 공급한다. 이처럼 주스 형태로 공급되는 노니는 언제 어디서나 섭취가 가능하며, 냉장보관만으로도 품질 유지가 가능하다.

노니 주스의 음용량은 연령과 증상에 따라 조금씩 다르나, 일반적 음용 방법은 다음과 같다.

_음용방법(단계적으로 음용 회수를 조절하면 됩니다)

단계	음용 날짜	1회 음용 양	1일 음용 횟수	1일 음용 양
1단계	1일~3일 차	소주잔 1/3, 약 15ml	1회 (아침)	15ml
2단계	4일~6일 차	소주잔 1/2, 약 25ml	1회 (아침)	25ml
3단계	7일~9일 차	소주잔 1/2, 약 25m	2회 (아침, 저녁)	50ml
4단계	10일~12일 차	소주잔 2/3, 약 35ml	2회 (아침, 저녁)	70ml
5단계	13일~최소 3개월	소주잔 한잔, 약 50ml	2회 (아침, 저녁)	100ml

- 음용 시 주의 사항

시 기	구 분
공복(권장)	• 흡수율을 높이기 위해서 공복에 드실 것을 권장합니다.
식사 후	• 위염과 같은 위장 장애가 있을 경우, 속이 쓰리며 이런 분들은 식사 직후에 바로 드시기 바랍니다. (아침, 저녁 식사 후에 드시면 됩니다)
취침 전	• 취침 직전에 드시는 것은 권장하지 않습니다. • 어떤 음식물이든 취침 직전에 먹으면 위에 부담을 줍니다.

● 노니 화장품

　노니의 다양한 면역 활성화 성분들은 체내에서뿐만 아니라 외피인 피부에도 지대한 영향을 미친다. 대기오염과 자외선, 수분 부족과 같은 일상적인 외부 자극에서 피부를 보호하고, 피부 조직 깊숙한 곳부터 건강을 유지하고자 하는 이들에게 노니를 이용한 다양한 제품들이 큰 도움이 되고 있다.

악성 건선을 노니로 극복하다

경기도 파주시 / **이재홍** (남, 1969년생)

증상 : 신체 전반, 두피, 손톱 건선

저는 결혼 15년차의 세 아이를 둔 주부입니다. 노니 제품을 사용한 체험자는 제 남편입니다. 증상이 호전된 지금은 이렇게 웃으면서 이야기할 수 있지만, 지난 결혼생활 중 남편이 아팠던 몇 년간은 참으로 힘든 시간이었습니다.

　제 남편은 결혼 전부터 피부 건선 증상이 있었습니다. 다만 이때는 아주 심각한 상황이 아니었기 때문에 피부과에서 스테로이드제를 처방 받아 바르는 정도였지요. 하지만 시간이 지나 건선 증상이 악화되면서 두피뿐만 아니라 온 몸에 퍼지기 시작했습니다. 놀란 우리 부부는 한의원, 피부과 등 수많은 병원을 전전했지만 완치가 힘들다는 결론만 들었습니다. 가벼운 피부병이라고 생각했던 병으로 일상생활마저 힘들어질 정도가 되니 삶의 의지가 꺾일 정도로 절망스러운 심정이었습니다. 하지만 그냥 주저앉을 수는 없었습니다.

우선 스테로이드제에 만성이 되어버린 몸의 개선을 위해 스테로이드제 연고를 끊고 병원에도 발길을 끊었습니다. 심지어 약을 복용할 때도 간 문제를 우려해 간기능 검사를 먼저 받았지요. 주 2~3회 받는 광선치료도 직장생활로 인해 어려워지자 결국 직장을 휴직하고 흙과 접하는 농사 짓기를 시작했습니다. 그럼에도 일부 호전되었다가 악화되기를 여러 번, 겨울이 되면 가려움증이 극도에 달했습니다.

아침마다 바닥에 떨어진 인설(하얗게 일어나는 살비듬)을 털어내고 정리하는 게 하루 일과의 시작일 정도였고, 잠잘 때 무의식적으로 긁은 부위가 피로 범벅이 된 것을 발견하곤 했습니다. 그야말로 고통스러운 순간이었습니다. 심지어 심한 두피 건선으로 머리카락이 같이 끊어지거나 탈

모되기도 했습니다. 그 결과 남편은 이발소마저 가지 않고 제게 머리 컷트를 부탁했지요. 그게 8년 전 일이니 그 이후 계속해서 남편 머리를 제가 자르면서 커트 실력은 많이 늘더군요.

그러던 2011년 9월, 우연히 노니 주스를 만났습니다. 처음에는 지푸라기라도 잡는 심정으로 믿고 먹기로 했습니다. 그런데 처음에는 아차 싶더군요. 남편이 전에 없던 설사와 구토를 시작했습니다. 놀라서 지인 분께 여쭤보니 호전반응일 수 있으니 조금만 참아보라고 하시더군요. 증상이 주기적으로 나타나고 곁에서 보기에도 힘들 정도였지만, 제가 할 수 있는 일은 남편이 중도포기를 하지 않도록 돕는 것뿐이었습니다. 그렇게 큰 고비를 몇 번 넘기면서 하루이틀 섭취를 중단했다가 다시 먹는 식으로 계속 힘겨운 싸움을 해나갔습니다. 그렇게 8개월쯤이 지나자 놀라운 결과가 나타났습니다. 어느덧 살비듬이 사라지고, 그러자 당연히 가려움증도 사라졌습니다.

드디어 작년 여름, 남편은 8년 만에 이발소에서 머리를 짧게 깎을 수 있었습니다. 함박웃음을 지으며 들어오던 얼굴이 선합니다. 지금 남편은 새로운 활력을 찾았고, 우리

가족도 다시 행복을 되찾았습니다.

아직 2%의 부족함은 남아 있지만, 앞으로도 노니 주스와 함께라면 다시는 그때의 절박했던 상황으로 돌아가지 않으리라는 확신이 있습니다.

상처부위 진행과정

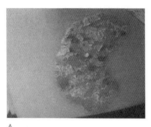

A

B

A, B 의 악순환이 수도 없이 반복되었었음.
전신에 퍼졌을 때의 최악의 상태의 사진이 안타깝게도 없음. 그때까지만해도 확신하지 못했었기 때문임. 안타까움.
이 또한 많이 호전 된 후 옆구리 부근 남아 있을 때의 사진임.

C

D

E

C - > D -> E 상태로 점진적 호전되는 상태를 보임.
E는 피부색이 일부 검은듯 남아있음이 보이나 양호함.

노니로 되찾은 가족의 건강

경기도 파주시 / **이규환**(여, 56년생)

증상 : 비염, 허혈성, 뇌손상 뇌병변 1급

저는 2년 전부터 심한 비염으로 냄새를 맡을 수 없는 지경에 놓였습니다. 그간 직접 담근 고추장과 된장 온라인 판매와 작은 음식점을 운영했는데, 냄새를 맡을 수 없게 되니 정말로 힘들었습니다. 심지어 옆에서 밥이 타도 모를 정도였으니까요.

가족들은 인터넷을 뒤져 유명하다는 병원들을 수집해 제 병구완을 도왔고, 그렇게 대여섯 군데의 병원을 다녔습니다. 그중에는 한의원도 있었고요. 하지만 이 모두에서 들은 결론이란 병의 원인을 모르겠다는 말과 함께 아직 의학계에서도 이 원인을 찾아 연구중이라는 말뿐이었습니다. 고칠 희망이 없다는 이야기였지요.

그러던 2012년 7월 4일, 아는 동생으로부터 우연히 노니 주스를 접하게 되었습니다. 노니 주스로 비염을 고친 사람이 많다는 이야기를 듣고 혹시나 하는 마음에 노니 주스를 받아들게 되었지요. 하지만 큰 기대는 없었습니다. 병원에서도 못 고친다는 병인데 주스 하나로 어찌 고치나 싶었습니다.

그런데 어느 날, 놀랄 일이 생겼습니다. 동생이 입원한 병원에 갔다가 화장실에 들렀는데 암모니아 냄새가 확 끼치는 느낌이었습니다. 처음에는 역했지만 "냄새를 맡게 됐나?" 놀라운 생각이 들더군요. 그날 집에 돌아와 다른 냄새를 맡아보았더니 강렬한 허브나 박하, 물파스 냄새 정도는 코로 들어오더군요. 기뻐서 눈물이 날 정도였습니다.

그 순간, 퍼뜩 튼 생각은 이 노니 주스가 병원에 있는 동생에게도 도움이 되지 않을까 하는 생각이었습니다. 동생은 쓰러지면서 뇌손상을 입어 뇌병변 1급, 지적장애 1급 진단을 받은 상황이었습니다.

사지마비로 일상생활과 의사표현이 불가능한 상태에서 1년 2개월 입원해 재활치료와 요양을 했지만 상태가 호전되지 않고 있는 중이었습니다. 그러던 2012년 12월 18일 저는 동생을 가퇴원시키고 노니 주스를 음용하도록 했습니다. 그때도 여전히 대소변도 혼자 가릴 수 없어 기저귀를 차고 수저도 들지 못하는 상황이었습니다. 그런데 한 달 후 기적 같은 일이 일어났습니다. 혼자서는 아무것도 못 했던 동생이 노니 주스 잔을 스스로 들고 마시기 시작한 것입니다.

요즘에는 다시 말을 시작하게 되었는데 귀를 기울이면 어느 정도 알아들을 수 있는 정도로 단어를 이어갈 수 있게 되었습니다. 주변 사람들이 기적이라고 놀랄 정도였습니다. 2013년 7월 현재, 제 동생은 굉장히 놀랄 정도로 호전이 되었습니다. 무엇보다도 퉁퉁 부었던 얼굴이 다시 자리를 잡아 예전처럼 예쁜 제 동생으로 돌아와주어서 감사합니다. 앞으로도 꾸준히 노니 주스를 음용하면 지금보다 나은 상태가 될 수 있으리라는 희망, 그것이 요즘 저희 가족을 지탱해주는 힘이 되어주고 있습니다.

나를 죽음의 고비에서 구해준 노니

서울시 광진구 / **허향조**(여, 38년생)
증상 : 심장병, 당뇨, 뇌졸중, 고혈압, 퇴행성 관절,
신장질환, 머리 혹

저는 10여 년 전, 발목에서 무릎까지 힘줄을 떼어내 심장에 이식하는 큰 수술을 두 번이나 받았습니다. 심지어 화장실을 갈 때조차 늘 심장이 옥죄는 듯한 통증을 느껴야 했지요. 몸을 깨끗이 씻고 싶어도 목욕탕조차 가지 못했고, 움직일 때면 가슴 통증과 무력감으로 몇 번이나 쉬어야 했지요.

당뇨 또한 문제였습니다. 혈당이 500을 넘기면서 포도 한 알만 먹어도 혈당이 급상승해 무엇 하나 마음대로 먹지 못했습니다. 거기에다가 혈압약까지 먹어야 해서 신장 기능도 좋지 않았고요. 또한 머리에도 종양이 발견되었지만 위험한 부위이니 수술이 어렵다 하여 평생 그냥 살아야 한다

더군요. 음식 또한 잘 먹지 못하니 결국 몸무게가 38kg까지 빠져 주변으로부터 얼마 못 살겠다는 걱정을 들었습니다.

그러다 우연히 알게 된 노니 주스가 제 삶을 바꿔놓았습니다. 꾸준히 음용한 결과 어느 날, 좋아하던 청포도를 아들이 사다주었는데 참지 못하고 한 송이를 다 먹고 혈당을 체크했습니다. 그런데 놀랍게도 혈당은 그대로였습니다.

서서히 건강이 회복되자 주위 사람이 먼저 알아보고 "이제 살아나셨네요" 인사를 건네옵니다. 몸무게도 44kg까지 회복되었고, 혈당도 110~120까지 정상 범위로 들어간 상황입니다. 그러나 무엇보다도 행복한 것은 가슴 통증이 사라졌다는 점입니다.

2013년 7월 26일 병원에 가니 저보다 의사선생님이 더 좋아하십니다. 검진 결과가 너무 좋게 나왔다고, 지금처럼만 잘 관리하라고. 아침 저녁 두 번 노니 주스를 마셨던 것이 이런 결과를 가져올 것이라고는 생각지도 못했습니다. 그저 감사할 뿐이고, 삶에도 새로운 의욕이 생겼습니다.

요즘은 정말로 하루하루가 행복하기만 합니다. 또한 다른 질병으로 고통 받는 분들에게 노니 주스를 전하고 싶은 마음에 누구를 만나건 노니 주스 이야기뿐입니다. 이분들

도 저처럼 작은 노력으로 큰 변화를 얻어갈 수 있기를 바라
며, 모든 분들이 건강한 삶을 살아가시기를 기원합니다.

노니로 희망을 되찾은 부부입니다

경기도 파주시 / **윤진영**(여, 64년생)
증상 : 고혈압, 메니에르, 대상포진, 면역질환,
당뇨합병증, 염증

제가 처음 노니 주스를 알게 된 것은 10여 년 전입니다. 남편이 당뇨합병증으로 복막투석을 하게 되면서 배에 삽입된 호스 주변에 염증이 생긴 것입니다. 지인을 통해 노니 주스가 염증에 좋다는 말에 지푸라기 잡는 심정으로 먹이기 시작했습니다.

여름철 땀으로 관 주변 염증이 심해질 무렵이었는데, 노니 주스를 마시게 하고 상처 부분에 노니 주스를 발라주면 그 심하던 염증이 꾸득꾸득해지며 가라앉아서 남편도 저도 놀랄 정도였습니다. 이렇게 효능을 직접 눈으로 보게 된 후로, 노니 주스는 우리 집의 비상약이 되었습니다.

그러던 어느 날, 남편이 퇴근길에 쓰러져 머리가 깨지는 뇌출혈을 겪었습니다. 응급실에 달려가 보니 살아있는 사람 모습이 아니더군요. 눈과 귀, 코와 입에서 피가 쏟아져 나오는데 병원에서는 할 수 있는 게 없다고 하더군요. 당뇨 환자라 응급수술도 안 되고, 복막 투석 환자라 약물을 쓸 수도 없으니 기적을 바라는 수밖에 없다고 했습니다.

당시 다니던 병원은 집 가까운 곳에 응급수송을 해놓은 상황이었는데, 중환자실 간호사들이 저에게 대신 투석을 해달라고 하더군요. 그래서 투석을 하러 들어갈 때마다 노니 주스를 먹였습니다. 총 하루 4번이었지요. 며칠 후 의사는 남편의 빠른 회복을 보고는 기적이라며 기뻐했습니다.

그리고, 정상인으로 살기는 어려울지 모른다는 말과 달리, 남편은 건강을 회복하고 직장생활도 재개할 수 있었습니다. 그 무렵 저에게도 문제가 있었습니다. 남편 병간호에만 몰두한 나머지 저 역시 제 몸 돌볼 겨를이 없었습니다. 대상포진과 메니에르로 병원에 가야 하는 일이 잦았는데, 이 모두가 면역력이 약해진 결과라고 하더군요. 대상포진이 뒷머리에서 왼쪽 얼굴로 이동해서 입원 치료를 받았고 퇴원 후에도 후통증이 심했습니다. 메니에르 역시 한 달에 몇 번이나 수시로 찾아와 일상이 엉망이 될 정도였지요. 일단 증상이 오면 쇠 깎는 소리가 들리고 하늘이 빙빙 돌며 구토를 했습니다. 그럴 때마다 응급실로 가서 주사를 맞고 돌아오곤 했습니다.

감기는 일년 내내 달고 살았고, 일주일에 3~4번은 두통에 눈 뜨기조차 침든 상황이었습니다. 어느 날 머리가 터질 것 같아 병원에 가보니 혈압이 164/95가 넘어 있더군요. 고혈압에 한번 약을 먹으면 계속 먹어야 한다는 말에 그때부터 저도 노니 주스를 마시기 시작했습니다.

진단서

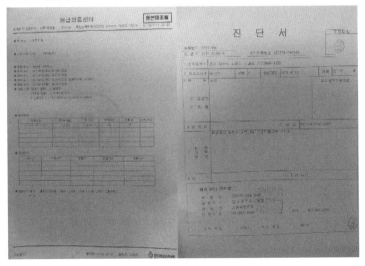

그렇게 두 달쯤 되자 혈압이 정상으로 돌아오고 머리도 맑아졌습니다. 정말 기적 같은 일이었습니다. 그리고 2013년 8월 5일, 건강검진을 한 결과 혈압은 110/70으로 정상 범위로 돌아왔고, 대장내시경 결과도 아주 깨끗하다고 했습니다. 의사 선생님께서 관리를 아주 잘했다고 칭찬해주시더군요. 노니 주스를 만난 뒤로 제게 하루하루는 이제 희망입니다. 지금도 저희 가족은 노니 주스로 건강을 지켜가고 있고요. 저희 가족 외에 다른 많은 분들에게도 노니 주스가 도움이 되기를 바라는 마음으로 이 글을 씁니다.

젊음과 건강을 노니로 지키세요

경기도 고양시 / **임화정**(여, 69년생)
증상 : 방광염, 잦은 소변, 소변 시 통증, 식도염,
무릎 통증

'방광염'이라는 단어를 결혼 후 처음 알게 되었습니다. 1996년 결혼하고 한 달 뒤쯤, 방광염이 처음 발병했습니다. 그때만 해도 이것이 만성이 되리라고는 생각도 못했습니다. 초기에는 그저 소변이 자주 마렵고, 찡한 아픔 정도가 다였기에 약 먹으면 낫겠지 생각했는데, 해가 갈수록 발병 횟수가 잦아지고 증세 또한 악화되어갔습니다.

특히 피곤하거나 신경 쓸 일이 많으면 꼭 증세가 왔지만, 병원 처방은 약과 주사가 전부였습니다. 그렇게 치료를 받고 나면 몇 달은 괜찮았지만 병원 가는 횟수가 잦아지고 항생제 의존도도 높아지자 한방 치료와 민간요법에도 의지해보았으나 큰 효험이 없었습니다.

그러던 2011년 여름, 노니 주스를 만나기 2년 전쯤 상황

은 최악으로 치달았습니다. 응급실에 실려가기를 몇 번, 짜증이 심해지고 사람도 만나기 어렵다보니 삶이 엉망이 되어버렸지요. 그렇게 우울하고 힘든 나날을 보내던 와중 지인으로부터 노니 주스를 소개받았습니다.

혹시나 하는 심정으로 음용한 지 두 달 후, 다시 방광염 증상이 찾아왔습니다. 처음에는 실망했지만 더 알아보니 그간 내 몸에 쌓인 항생제를 씻어내고 약해진 면역을 키우려면 꾸준한 섭취가 필요하다는 것을 알게 되었지요.

결과는 놀라웠습니다. 그때의 발병 이후 2013년 8월 현재까지 2번 정도 증세가 나타났으니 그 정도는 초기처럼 가벼웠고, 발병 시 노니 주스를 약처럼 3시간 간격으로 음용한 결과 병원에는 가지 않아도 될 정도로 무사히 지나간 것입니다.

노니 주스로 음용 1년이 넘어서고 있던 와중 한 가지 새로운 사실을 깨달았습니다. 그간 저를 괴롭혔던 식도염과 무릎 통증이 어느덧 사라졌다는 사실입니다. 오로지 방광염에만 집중하고 있어서 미처 깨닫지 못한 것입니다.

이후 노니 주스에 대한 확신이 들면서 알레르기 비염을 앓고 있는 큰 아이와 아토피, 생리통이 심하던 작은 아이,

술과 담배, 과도한 스트레스로 인한 두피염과 아토피가 있었던 남편에게도 노니 주스를 마시게 했고 지금은 모두 눈에 띄게 좋아진 상태입니다.

남편의 경우 지루성 두피염 진단을 받았고 병원 치료로 호전되다가도 또 심해지기 일쑤였습니다. 약도 독하다는 느낌이 있었고요. 이후 노니 주스를 마신 후로 남편은 호전 반응으로 심한 가려움을 겪었지만 그걸 견뎌낸 이후로는 두피도 깨끗해지고, 특히 무릎 위의 가려움은 빠른 효과가 나타났습니다.

초등학교 2학년 때 처음 아토피가 발생한 둘째도 마찬가지입니다. 당시 공사현장에서 가까운 아파트에 1년을 살았고 그 때문에 아토피가 발생했다고 믿어 이사를 했지만 증상은 더 심해지기만 했습니다. 특히 손발이 정말 따뜻했던 아이가 손발까지 차가워지면서 병원 치료에 연고도 발랐지만 몸에 좋지 않다는 생각에 한계가 있었지요. 한의원 치료도 1년간 받았지만 큰 차이가 없었고, 심할 때는 잘 때 긴 팔 소매를 내려 묶거나 장갑을 끼도록 할 정도였습니다. 그러던 와중 노니 주스를 음용한 뒤로 힘든 호전반응이 오더니, 지금은 살 빛깔도 예뻐지고 반팔과 반바지로 자유롭게 입을 수 있게 되었습니다.

　이제 노니 주스는 우리집 냉장고에 항상 자리 잡은 필수 음료가 되었고, 우리 가족의 건강을 지켜주는 소중한 친구가 되었지요. 심지어 아이들이 감기나 장염이 찾아오면 "엄마, 노니 주스 더 마실래요" 먼저 찾고 스스로 챙겨먹을 정도입니다.

　방광염으로 고생했던 시절, 앓아보지 않으면 절대 모르는 고통이기에 저처럼 힘든 병을 앓고 있는 분들을 위해 이 글을 씁니다. 물론 긍정적인 사고방식과 건강한 식습관, 운동이 제일 중요하겠지만, 그것만으로는 해결되지 않는 병도 있기에 노니 주스가 많은 도움이 되리라는 것을 확신합니다. 사람 몸에는 100명의 의사가 있다는 말이 있습니다. 약에 의존하지 않고 자연의 도움으로 내 몸이 스스로 건강해질 수 있도록 해야 합니다. 그게 바로 지금 제게는 노니 주스입니다.

새로운 삶의 동반자, 노니

경기도 고양시 / **유효순**(여, 68년생)
증상 : 선천성 척추 이상으로 인한 허리 통증, 자궁
적출 수술 후 체력 저하, 하지정맥류, 혈액순환 장애

저는 선천적인 척추 이상(일자 척추)으로 이루 말할 수 없는 고통을 겪었습니다. 20년 전부터 이미 3~4년 주기로 병원에 한 달씩 입원해야 했지요. 심지어는 입원 중에도 제대로 눕지 못해 며칠이나 휠체어에 앉아 쪽잠을 자고 눈물로 밤을 새웠습니다. 그럼에도 워낙 활동적이라 뭐라도 해볼 양으로 주얼리샵을 운영하게 되었지요. 하지만 장시간 서서 일하다보니 무리가 갔는지 그때까지만 해도 이름조차 생소한 하지정맥류를 얻어 급기야 정맥류 수술까지 두 번이나 받았습니다.

뿐만 아니라 일상생활이 불가능할 정도로 고통스러운 생리전 증후군 때문에 생리주간에는 진통제를 한 박스씩 먹어야 할 정도였습니다. 산부인과 검진 결과 자궁에 선근종

이 자라고 있다는 진단을 받았고, 의사는 출산 예정도 없으니 수술을 권했지만 여성의 상징인 자궁을 들어낸다는 건 정신적으로도 육체적으로도 큰 고통이었기에 쉽게 결정을 내리지 못했습니다.

그러던 중에 엎친 데 덮친 격으로 허리 디스크가 심각한 상황에 이르러 수술에 이르렀고, 그 스트레스로 생리증후군은 어떤 진통제도 듣지 않을 정도가 되어 어쩔 수 없이 눈물을 머금고 자궁 적출 수술을 감행했습니다.

하지만 상황은 나아지지 않았습니다. 몇 년 사이 전신마취가 필요한 수술을 여러 차례 해서인지 수술 후 충분한 회복기를 거쳤다고 생각했는데도, 체력이 급격히 떨어져 하루에 한 가지 약속을 소화하는 것조차 힘들 정도로 피로감이 심했습니다. 간단한 쇼핑은 고사하고 시내 나가는 것조차 힘들어 늘 친구들도 제가 사는 곳으로 만나러 와야 했습니다. 돌아다니는 것을 좋아하는 성격인 만큼 답답하고 힘든 날들이었습니다.

허리 통증 환자들 대부분이 겪듯이 저 역시 수술을 마쳤음에도 아침에 일어나는 것이 너무 힘들어 아침 상조차 차리지 못할 정도가 되었고, 피로감으로 지친 얼굴은 거울에

비춰보는 것조차 싫었습니다.

여자 나이 40대 중반, 주변 내 또래들은 이미 대학생 된 자녀를 가진 나이여서인지 아프고 외로운 제게 쏟아지는 주변의 시선은 동정이나 연민 같은 것이었습니다. 저는 특유의 밝은 성격으로 버텼지만 끊임없는 육체적, 정신적 고통은 여전히 사라지지 않고 제 곁에 있었습니다.

그러던 어느 날, 가까운 지인으로부터 노니 주스를 알게 되면서 제 삶은 달라졌습니다. 놀랍게도 그 지겹고 지독했던 고통이 주스 한 박스를 채 다 먹기도 전에 서서히 사라졌습니다. 주스를 마실 때마다 혈액순환장애로 늘 차가웠던 다리가 조금씩 따뜻해지는 걸 느꼈고, 아침에 일어나는 것이 수월해지더니 어느 날은 몸이 가뿐해 아침 상을 차리고도 거뜬했습니다. 정말로 다시 때어난 것 같은 기쁨이었습니다.

노니 주스를 만난 후 가장 많이 듣는 이야기는 피부가 좋아졌다는 것, 활기차 보인다는 것입니다. 저를 처음 대하는 분들은 제 나이를 다섯 살 내지 심지어 열 살 가까이 아래로 보기도 합니다. 립 서비스라고는 해도 저에게는 너무 큰 변화입니다. 물론 저 자신이 느끼는 건강함이 가장 크고 놀라운 변화였습니다.

평소 합리적이고 상식적인 사고를 지향하던 저로서도 이 기적 같은 일에 흥분을 감출 수 없었고, 노니에 대해 알고 싶어 여러 자료를 찾다 보니 이 거짓말 같은 효능이 다 과학적인 근거가 있다는 것을 알게 되었습니다.

지금도 저는 노니 주스를 마시며 하루하루 더 건강한 일상을 보내고 있습니다. 생생한 제 체험을 바탕으로, 수술 후 체력이 저하되었거나 혈액순환장애를 겪는 분들, 허리 통증으로 고생하는 분들에게 노니 주스를 권하고 있습니다. 심지어 어떤 분들에게는 고맙다는 이야기를 듣기도 합니다. 그때마다 저는 제 일인 듯 기쁠 수밖에 없습니다. 참기 힘든 고통이 사라졌을 때의 희열을 누구보다도 잘 알고 있기 때문입니다.

노니로 지켜낸 소중한 일상

경기도 인천시 / **국민재**(남, 74년생)
증상 : 재생불량성빈혈에 따른 체력저하, 어지러움,
기타 건강 악화

저는 2006년 여름에 재생불량성빈혈증을 판정 받았습니다. 일반적인 빈혈은 영양 부족으로 발생하는 반면, 재생불량성빈혈은 조혈모세포(골수)에 이상이 생겨 혈액 자체가 생성되지 않는 질병으로 흔히 말하는 악성빈혈이자 난치병으로 분류됩니다. 나중에 안 사실이지만, 이 질병은 자가면역질환의 일종이기도 합니다.

치료를 받으면서 어느 정도 호전을 보았지만, 치료가 끝나고 환절기를 넘기면서 다시 건강이 악화되기 시작했습니다. 환절기가 찾아오면 이유 없이 몸이 아프고 툭하면 감기에 걸리는 식이었습니다. 하지만 재생불량성빈혈 환자는 항생제, 소염진통제, 아스피린 등을 복용할 수 없기에 증상이 와도 그냥 버티는 수밖에 없었습니다.

그러던 중 우연히 친분 있는 지인께서 노니 주스를 권해 주셨습니다. 언뜻 보니 스포츠 음료처럼 생겼기에 그저 그런 음료라고만 생각했습니다. 아니, 사실은 이걸 먹어서 무슨 도움이 되겠는가 하는 생각에 먹을 생각조차 없었다는 게 사실일 것입니다. 평소 건강기능식품을 썩 내켜하지 않는 데다 먹고 나아지리라는 확신도 없었기 때문입니다.

그런데 내용물 표시를 보니 일반 과일야채주스라고 하기에 먹어도 부작용이나 해는 없을 것이고, 천연 비타민 보충에도 도움이 되리라는 생각에 먹기로 결정했습니다. 그때만 해도 이 결정이 제 삶을 바꿔놓으리라고는 생각지 못했습니다.

처음 노니 주스를 섭취하기 시작한 것은 2012년 6월이었습니다. 당시 저는 체력 관리를 위해 가벼운 조깅을 하던 중이었습니다. 빈혈 환자가 무슨 조깅이냐고 하실지 모르지만, 의사도 무리하지 않는 선에서 운동을 권한 만큼 일반 걷는 속도보다 조금 빠른 속도로 아주 천천히 뛰는 수준 정도였지요. 아프기 전에는 매일 10km를 뛰던 체력이었지만 이즈음에는 그 이상 뛰면 어지러워서 견디지 못할 정도였습니다.

그런데 노니 주스를 먹기 시작한 지 3일이 지날 무렵 변화가 찾아왔습니다. 그날은 컨디션이 괜찮은 것 같아 2km를 뛰었는데도 많이 어지럽지 않았습니다. 그래서 조금 더 뛰어보았더니 그날은 4km를 뛸 수 있었습니다. 불과 노니 주스를 마신 지 3일 후의 일이었습니다.

혹시 비타민의 효능인가 생각해 이후 노니 주스를 권해 준 분께 여쭤보니, 비타민이 아닌 '이리도이드' 성분이 도움 되었을 것이라는 답을 들었습니다. 생소한 이름이었습니다.

처음 노니 주스를 먹었을 때 급작스럽게 졸음이 몰려오던 기억이 났습니다. 그야말로 몽롱할 정도였지요. 들어보니 이것이 호전반응의 일부라고 하더군요. 빈혈 환자는 아무리 피곤해도 잠을 깊게 자기 어렵습니다. 건강한 사람은 피곤하면 곯아떨어지지만, 빈혈 환자는 아무리 피곤해도 잠이 오지 않고 막상 잠들어도 새벽에 깨버리는 경우가 많습니다. 빈혈에 걸리면 건강이 악화되는 것도 일정 정도는 이런 수면 부족 때문입니다. 저 역시 노니 주스를 마신 이후로 가장 달라진 점 하나는 잠을 푹 자게 되었다는 점이었고, 무엇보다 이 점이 반가웠습니다.

처음에는 노니 주스를 몸이 힘들 때만 한두 병씩 구매해 먹었지만, 꾸준히 먹어야 제대로 효과를 볼 수 있다기에 겨울부터는 본격적으로 정기적 섭취를 시작했습니다. 이때는 이미 노니 주스에 대한 효과를 본 터라 확신을 가지고 있던 차였습니다.

처음에는 하루 3번에 걸쳐 음용했는데, 그러자 예상치 못했던 반응이 나타났습니다. 우선 방귀가 잦아지고 하루에도 화장실을 두세 번씩 들락거릴 정도로 변도 잦아졌습니다. 2~3일 이런 반응이 나타나다가 잠잠해지기를 몇 번 반복하자 몸에 변화가 찾아왔습니다. 일단 부어 있던 붓기가 빠지면서 푸석푸석했던 몸 전체가 날씬해지고 피부가 좋아지는 것이 눈으로 보일 정도였습니다. 또한 몸무게가 7kg 이상 빠졌는데, 갑자기 살이 빠지니 걱정이 되었지만 컨디션 자체는 너무 좋았습니다.

2개월이 되자 또 다른 변화도 찾아왔습니다. 몸 군데군데 누렇게 뜬 부분이 말끔히 사라지고 주변에서 얼굴 좋아졌다는 말을 자주 듣기 시작했습니다. 외출해서 사람들과 만나고 일상생활을 하는 부담도 줄어들었습니다.

3개월째가 됐을 때는 발톱에서 변화가 나타났습니다. 미처 신경 쓰지 못한 부분이었는데 다른 분의 체험을 듣고 유심히 살펴보니 하얗게 변한 발톱이 밀려나면서 건강한 발톱이 자라는 것이 뚜렷이 눈에 보였습니다.

이 글을 쓰고 있는 지금, 저는 노니 주스를 7개월째 섭취 중이며 이제 일상생활 정도는 큰 부담 없이 지낼 정도가 되었습니다. 예전에는 일주일에 한두 번이 다였던 외출을 이제는 3~4번 해도 무리가 없는 상황입니다. 물론 재생불량성빈혈이 하루아침에 완치되지는 않겠지만 노니 주스 덕에 무리 없이 일상을 진행하게 된 것만으로도 저는 감사하는 마음입니다.

또한 제가 노니 주스 덕에 건강을 회복하면서 저의 가족들도 이제는 노니 주스의 팬이 되었습니다. 주변에 건강으로 고생하시는 분들에게 꼭 노니 주스를 권하고 싶습니다. 실제로 제가 소개해드린 분들 중에 적지 않은 분들이 한두 달 내에 저에게 좋은 것을 알려주어 고맙다는 인사를 전해옵니다. 여러분도 하루라도 빨리 노니 주스를 만나서 건강을 되찾고 활기찬 삶을 누리시기를 바라는 마음입니다.

사랑하는 아들의 건강을 지켜준 노니

경기도 세종시 / **장의진**(여, 1978년생)

증상 : 아토피, 비염, 건선

저에게는 아홉 살 난 아들 규진이가 있습니다. 규진이는 생후 10개월 즈음부터 아토피 증상을 앓았습니다. 특히 계란 알레르기가 심해서 잘못 계란을 섭취할 경우 호흡곤란까지 앓기 일쑤였기에 철저한 음식 제한으로 하루하루 관리를 해왔고, 6개월에 한 번씩 알레르기 수치를 검사한 결과 다섯 살이 되던 해에 다행히 알레르기 수치가 많이 줄어든 것을 확인할 수 있었습니다. 그간의 음식 제한이 성장에 미칠 영향이 걱정되어 이맘때부터는 의사 선생님의 권유로 음식 제한을 풀었고, 그 결과 유난히 작았던 아이는 살도 제법 붙고 키도 컸지만 여전히 아토피 연고와 항히스타민 약 없이는 정상적인 생활이 어려웠습니다.

이후 아홉 살이 될 때까지 규진이는 삼성의료원 알레

르기 센터를 다니며 몇 달에 한 번씩 연고와 약을 받아 왔지요.

그간 고민도 많았습니다. 지속적으로 먹이는 약과 연고가 마음에 걸려 어떻게든 자연적인 민간요법이나 음식으로 낫게 하고 싶어서 좋다는 것은 모두 먹이고, 바르고 해보고 일곱 살 무렵에는 유명한 한의원에서 백만원 남짓 하는 약을 먹이고 치료도 받아보았지만, 결국 증상이 더 심해지면 다시 연고와 약으로 돌아오곤 했습니다. 한의원에서도 그 때마다 더 비싼 연고와 치료를 권하는 등 부모의 고통을 이용해 돈만 벌려는 것 같아 그때마다 실망감으로 상처 받고 마음이 아팠습니다.

아토피 자녀를 둔 부모의 고통은 정말 겪어보지 않으면 모를 것입니다. 몸의 상처에서 고름이 나고 아이가 괴로워 하면 몇 날 며칠을 온 식구가 밤새 아이를 지켜보며 괴로운 시간을 보냈습니다. 게다가 비염까지 만성화되어 몇 년간 비염 약도 상시 복용해야 했고, 알레르기 결막염으로 수시로 눈을 비벼 눈 주위가 늘 붉었습니다.

그러던 와중 아는 분의 권유로 노니 주스를 소개받았지만 처음에는 사실 큰 기대가 없었습니다. 단지 어미로서 할 수 있는 건 다해봐야 한다는 생각이었습니다. 그런데 노니 주스를 3일 정도 먹었을 때부터 증상이 이상하리만치 심해졌습니다. 소개해준 분께서 이미 이 부분을 언급하신지라 크게 당황하지는 않았지만 곁에서 지켜보는 마음은 초조했습니다. 비염이 있던 코에서 짙은 콧물이 목 뒤로 넘어가 숨도 제대로 쉬지 못했고, 피부 가려움이 너무 심해져 피가 날 때까지 긁는 아이 두 손을 잡고 며칠 밤을 새워야 했습니다. 눈곱도 심해서 아침에 눈이 붙어 뜨지 못할 정도로 결막염도 심해졌습니다. 그렇게 2주 정도 괴로운 시간이 지난 뒤였습니다. 노란 콧물이 맑은 콧물로 바뀌기 시작한 것이 눈에 뚜렷이 보였고, 숨소리도 깨끗해졌습니다. 또한 피부 상처도 점점 사라져 아침저녁 오일을 발라도 건조하고 거칠던 피부가 이제 그냥 두어도 될 만큼 촉촉해졌습니다.

나아가 저 역시 두피건선을 앓고 있어서 아이에게 병을 물려준 것 같아 늘 죄스러운 심정이었고, 잠든 아이를 쓰다듬으며 눈물도 많이 흘렸습니다. 그런 저마저도 노니는 일주일 섭취한 뒤부터는 두피가 못 견딜 정도로 가렵더니 딱지가 생기고 상처 부위가 작아지면서 상태가 눈에 띄게 좋아지는 것을 경험했습니다.

모든 엄마들이 그렇겠지만 아이의 작은 생채기 하나만 봐도 가슴이 아픈 법입니다. 규진이가 아플 때 저 역시 아이가 피부 긁는 소리가 내 가슴에 칼질을 하는 것처럼 느껴졌지요. 근 10년간을 아이가 긁는 소리에 예민하게 밤잠 설치며 아이 손을 붙잡고 밤을 샜습니다. 아이도 얼마나 고통스러운지 자다가 깨서는 제게 두 손을 맡기며 안 긁게 꼭 잡아달라고 할 정도였습니다.

　또 하루는 아이가 유치원에서 저를 보자마자 달려와 제 가슴에 얼굴을 파묻고 펑펑 운 적이 있었습니다. 들어보니, 다른 아이의 어머니가 아이스크림을 사왔는데 규진이는 "저는 아토피라 아이스크림 못 먹어요" 하고는 스스로 아이스크림을 도로 가져다두었다는 겁니다. 그리고는 저를 보자 서러운 마음이 터진 것이지요. 그날 저녁, 아이 아빠가 봉지 가득 아이스크림을 사와 규진이도 신나게 먹었지만 결국 밤새 아파해야 했습니다. 말 그대로 아이의 수백 개 상처가 저희 부부 가슴에도 박히는 날들이었습니다.

　기적 같은 일이지만, 노니 주스를 섭취한 지 3개월이 지난 지금 하루 이틀 나아지는 아이의 모습을 보는 일이 신기하기만 합니다. 규진이는 더 이상 밤잠을 설치지 않고 그러다 보니 컨디션도 좋아지고 늘 자던 낮잠도 마다합니다. 게다가 주위 사람들도 너무 달라진 규빈이를 보고 아이 표정이 밝아졌다며 한 마디씩 합니다. 거칠었던 얼굴도 맨질맨질해서 훨씬 잘생겨졌다고도 합니다.

아이의 부드러워진 등을 어루만질 때마다 이게 꿈이 아니길 기도합니다. 앞으로도 노니 주스와 함께 한다면 이 또한 기적만이 아닐 것이라는 확신과 함께 말입니다.

감사해야 할 두 이름, 아내와 노니

경기도 파주시 / **최성우**(남, 55년생)

증상 : 심장비대증 및 부정맥

2011년 10월경, 집에서 샤워를 하던 도중 응급상황이 발생했습니다. 전신의 힘이 쭉 빠지고 호흡이 힘들어져 거의 정신을 잃을 뻔한 순간이었습니다. 겨우 기다시피 방으로 이동해 식구들에게 도움을 청했고, 곧바로 119 구급차에 실려 일산 백병원의 중환자실에 입원하게 되었습니다.

병명은 심장비대증과 부정맥이었습니다. 심혈관 검사를 마친 뒤 급하게 수술에 들어가 혈관 확대 시술을 받고 퇴원한 뒤, 꾸준히 처방 약을 먹으며 쉬었지만 여전히 고통스러웠습니다. 심장이 일반인보다 두껍고 단단해진 상태라 수축이 원활하지 못하다 보니 계단을 오르거나 가벼운 노동에도 가슴 통증이 느껴지고 호흡이 가빠졌습니다.

그런 제 모습을 보는 아내도 힘이 들었을 것입니다. 어느 날 아내가 노니 주스를 저에게 권해왔습니다. 처음에는 증상이 호전되리라는 기대보다는 곁에서 고생하는 아내에게 미안한 마음에서라도 열심히 먹어보자는 생각이었습니다.

그런데 최근 노니 주스를 섭취하면서 제 삶에는 많은 변화가 일어났습니다. 예전에는 계단 하나 오르내리기, 화분 들기, 가벼운 청소조차도 힘들었던 것이 이제는 외출하여 움직이고 일상적인 생활을 이어가는 데 큰 문제가 없을 만큼 몸 상태가 좋아진 것을 느낍니다.

부정맥과 심장비대증은 평생에 걸쳐 치료해야 하는 질병입니다. 물론 한꺼번에 모든 증상이 나아질 수는 없겠지만, 현재 저는 정상적으로 직장생활을 할 수 있을 만큼 증상이 호전된 상태이며, 삶의 활기를 되찾으니 몸을 건강하게 유지하고 싶다는 욕구도 커져 더더욱 나 자신을 돌보게 되었습니다.

이 모든 것은 좋은 제품을 소개해준 아내의 덕입니다. 이 자리를 빌려 아내에게 깊은 감사를 전하며, 또한 저의 건강을 회복하게 만들어준 노니 주스에도 감사의 마음을 표하고 싶습니다.

5장 노니! 무엇이든 물어보세요

Q : 노니를 섭취하려고 생각중인데, 노니의 효과가 과학적으로 입증되었는지 궁금합니다.

A : 노니에 대한 과학적 입증은 미국 암 연구협회, 유수 대학 연구진들의 보고서에서도 볼 수 있듯이 충분한 임상실험을 거쳐 증명된 바 있습니다. 현재도 노니의 놀라운 효능에 대한 다양한 연구가 진행되고 있으며, 이 책에서 설명한 노니의 효능은 이미 의학적으로 증명된 것으로 보시면 됩니다.

Q : 먹고 있는 영양제가 있는데, 노니를 다른 영양제와 함께 먹어도 되나요?

A : 노니는 다른 제품과 함께 섭취해도 무리가 없습니다. 노니와 상충되어 위험한 물질은 아직까지 보고된 바가 없

습니다. 또한 노니는 다른 약과 함께 섭취해도 부작용을 일으키지 않는 안전성을 가지며, 때로는 다른 약의 효능을 증진시켜주는 상승 작용을 가집니다.

Q : 하루에 얼마나 먹어야 하는지요?

A : 노니는 정량을 처방 받는 화학 약제가 아닌 만큼 섭취량에 따라 문제가 생기지는 않습니다. 일반적인 성인의 경우 1일 2회, 한 번에 60ml를 권해드리고 있습니다만, 몸의 상태와 질병 상태에 따라 줄이거나 늘리는 것이 가능합니다. 또한 16세 이하의 경우는 그 이하로 섭취하는 것이 권고되고 있습니다. 평소 노니를 드실 때 몸에서 느껴지는 반응을 보시고, 자신에게 가장 적합한 섭취량을 조절하는 것도 괜찮습니다.(음용법에 대해서는 본문 50쪽 참고)

Q : 장기간 섭취할 경우 중독의 위험은 없나요?

A : 노니의 가장 안정적인 부분 중에 하나는 바로 부작용과 중독의 위험이 없다는 점입니다. 노니 주스는 순수

100%의 노니에서 얻어진 추출물인 만큼 첨가제가 들어가지 않고, 화학적 공격 또한 없습니다. 일상적인 음료처럼 마시는 것인 만큼 중독은 걱정하지 않으셔도 됩니다.

Q : 의사와 전문가의 상담을 해야 하나요?

A : 질병이 없는 상태의 일반인들에게 노니는 건강의 증진을 도와주는 일종의 기능식품 역할을 하게 됩니다. 질병이 있다 하더라도 노니 주스는 질병을 치유하는 면역력을 높여주는 식품인 만큼 질병 치료에 도움을 줄 수 있습니다. 현재까지 심각한 부작용이 보고된 바는 없지만, 섭취 시 불안감을 느끼신다면 의사와 전문가의 상담을 받으세요.

건강 동반자, 노니와 함께 무병장수를

건강에 대한 지식은 아무리 많아도 부족함이 없다고 했다. 많이 알고, 아는 것을 활용하는 것이 결과적으로 우리 삶의 건강을 담보한다. 이 책은 우리의 삶과 건강을 유지해 줄 위력적인 동반자, 노니에 대한 정보를 간결하고도 쉽게 전달하기 위해 쓰여졌다. 노니에 대해 잘 알았던 분들이라면 이 책의 내용에 고개를 끄덕이실 것이고, 지금껏 노니에 대해 몰랐다면 새로운 지식을 통해 한층 건강한 삶에 다가 갈 수 있었으리라 믿는다.

건강을 지키는 일은 쉬울 수도 있고, 어려울 수도 있다. 한 예로 건강은 약을 먹고 병원에 가야만 지킬 수 있다고 생각하는 이들에게 건강관리는 무겁고 어려운 것이다. 반면 곁에서 내 건강을 돌봐줄 건강 식품과 식습관으로 스스로를 돌보는 일이 건강을 지키는 일이라고 생각한다면, 그 사람에게 건강관리는 축복이고 즐거운 일이 될 수 있다.

이 책이 여러분의 건강, 나아가 일상을 질 높게 영위하는 데도 도움이 되리라 믿으며, 노니의 탁월한 건강 효능을 많은 이들이 경험해보시기를 기원한다.

참고 도서 및 문헌자료

자연은 알고 있다/앤드루 비티 폴 에얼릭 지음/궁리

호전반응, 내 몸을 살린다/양우원/모아북스

독소의 습격, 해독혁명/EBS 제작팀 지음/지식채널

닐 솔로몬(M, D,Ph. Neil Solomon)박사의 표준 섭취 권장량 연구사례

함께 읽으면 두 배가 유익한 건강정보

No	도서명	분류	저자
1	비타민, 내 몸을 살린다	건강	정윤상 지음
2	물, 내 몸을 살린다	건강	장성철 지음
3	면역력, 내 몸을 살린다	건강	김윤선 지음
4	영양요법, 내 몸을 살린다	건강	김윤선 지음
5	온열요법, 내 몸을 살린다	건강	정윤상 지음
6	디톡스, 내 몸을 살린다	건강	김윤선 지음
7	생식, 내 몸을 살린다	건강	엄성희 지음
8	다이어트, 내 몸을 살린다	건강	임성은 지음
9	통증클리닉, 내 몸을 살린다	건강	박진우 지음
10	천연화장품, 내 몸을 살린다	화장품	임성은 지음
11	아미노산, 내 몸을 살린다	건강	김지혜 지음
12	오가피, 내 몸을 살린다	건강	김진용 지음
13	석류, 내 몸을 살린다	건강	김윤선 지음
14	효소, 내 몸을 살린다	건강	임성은 지음
15	호전반응, 내 몸을 살린다	건강	양우원 지음
16	블루베리, 내 몸을 살린다	건강	김현표 지음
17	웃음치료, 내 몸을 살린다	건강	김현표 지음
18	미네랄, 내 몸을 살린다	건강	구본홍 지음
19	항산화제, 내 몸을 살린다	건강	정윤상 지음
20	허브, 내 몸을 살린다	건강	이준숙 지음
21	프로폴리스, 내 몸을 살린다	건강	이명주 지음

내 몸을 살리는 시리즈(도서는 계속 출간됩니다)

독자 여러분의 소중한 원고를 기다립니다

독자 여러분의 소중한 원고를 기다리고 있습니다.
집필을 끝냈거나 혹은 집필 중인 원고가 있으신 분은
moabooks@hanmail.net으로 원고의
간단한 기획의도와 개요, 연락처 등과 함께 보내주시면
최대한 빨리 검토 후 연락드리겠습니다.
머뭇거리지 마시고 언제라도
모아북스 편집부의 문을 두드리시면
반갑게 맞이하겠습니다.